Le perfectionnement des arts chimiques

1800

JEAN-ANTOINE CHAPTAL

TABLE DES MATIÈRES

ESSAI SUR LE PERFECTIONNEMENT DES ARTS CHIMIQUES EN FRANCE   5

SECTION PREMIÈRE. MOYENS DE FORMER DES FABRICANS   7

SECTION II. MOYENS DE DIMINUER LE PRIX DES PRODUITS DE FABRIQUE   17

SECTION III. DES EMPLACEMENS QUI CONVIENNENT AUX DIVERS GENRES DE FABRICATION   23

ESSAI SUR LE PERFECTIONNEMENT DES ARTS CHIMIQUES EN FRANCE

Jusqu'ici les Français n'ont tenu que le second rang parmi les peuples manufacturiers de l'Europe ; cependant notre position géographique, nos richesses territoriales, notre caractère national, paroissoient nous avoir destinés pour occuper le premier : par quelle fatalité ne sommes-nous pas à la place que la nature nous a marquée ?

Plusieurs causes me paroissent avoir amené cette interversion de l'ordre naturel.

1°. Les préjugés, qui classoient les fabriques parmi les métiers abjects, et en écartoient les talens et les capitaux.

2°. Un mauvais système d'administration, qui ne voyoit dans les fabriques qu'une source d'impôt, et jamais la base principale de la prospérité publique.

3°. Le manque absolu de tout esprit national, et le plus scandaleux engouement pour toutes les productions étrangères.

Ces causes de destruction ont disparu, et nous restons avec tous nos premiers avantages. La révolution nous en a même préparé de nouveaux : car en détruisant la vénalité des magistratures, et supprimant les corporations, elle force la fortune et les talens à refluer dans les ateliers de fabrique ou dans les travaux de l'agriculture.

Il se prépare donc un nouvel ordre de choses, qui sera tel que, si nous savons le diriger, la France se placera d'elle-même au premier rang parmi les nations manufacturières. Ses belles destinées sont prévues, senties et redoutées par nos ennemis : il est de leur intérêt, il tient à leur existence politique de les contrarier, de les étouffer. Ce n'est qu'en se faisant un système de conduite bien approfondi, que le Gouvernement français pourra se sauver des écueils dont les préjugés, l'intérêt de l'étranger, ou la malveillance, vont l'entourer à la paix. Je bornerai ses devoirs, à cet égard, à trois moyens également faciles.

Le premier de tous consiste à former des fabricans éclairés.

Le second se borne à rendre la fabrication plus économique.

Le troisième a pour but d'indiquer aux fabricans, sur le sol de la République, les emplacemens les plus convenables aux divers genres de fabrication.

SECTION PREMIÈRE. MOYENS DE FORMER DES FABRICANS

Toutes les institutions anciennes ont disparu avec le régime qui les avoit produites ; mais nous sommes loin de penser que toutes fussent vicieuses. Il est permis aujourd'hui de proposer et d'espérer le rétablissement de celles qu'on n'eût jamais du proscrire.

Jadis, en France, comme chez toutes les nations où les arts de fabrique sont comptés parmi les élémens de la prospérité publique, il étoit permis aux parens d'un jeune homme de le mettre, pendant un certain nombre d'années convenu, à la disposition d'un chef d'atelier, qui, à son tour, étoit tenu de l'instruire dans tous les détails de sa profession. Cette garantie réciproque étoit stipulée dans un acte public, qu'on appeloit contrat d'apprentissage.

Des idées de liberté mal entendues ont rompu ces liens sacrés par lesquels un jeune homme faisoit le sacrifice momentané de ses forces en échange des connoissances qu'on lui donnoit. Il se préparoit de bonne heure à soulager ses parens, à servir sa patrie, à élever ses enfans, et acquéroit cette précieuse indépendance qui repose sur le sentiment de nos forces ou la réalité de nos services.

À la vérité, ces contrats d'apprentissage n'ont été ni abrogés ni prohibés par aucune loi connue : mais, au milieu des ruines dans lesquelles nous avons vécu ; au sein même de la subversion de tous les principes ; dans ces momens où, aux seuls mots de liberté violée, d'atteinte portée aux droits naturels, on voyoit tomber les institutions les plus sages, comment celle-ci eût-elle été garantie ? Elle a donc pu n'être pas abrogée ; mais elle s'est éteinte par une suite nécessaire du système qui dominoit.

Il faut donc que le Gouvernement prononce formellement aujourd'hui cette garantie. Et il ne suffit pas de porter des peines contre celle des deux parties contractantes qui pourroit enfreindre les conditions du traité ; il faut encore que l'élève qui déserteroit la maison de l'instituteur soit puni et repoussé de tous les ateliers.

La loi ne doit ni fixer le terme, ni régler les conditions de l'apprentissage. Tout cela doit varier en raison de l'art qu'on pratique, de l'âge de l'élève, et de mille autres causes qu'on ne peut pas calculer. Elle doit se borner à consacrer la garantie des conditions du contrat et à assurer leur exécution, en prononçant des peines contre celui des contractans qui ne remplira pas ses engagemens.

Une autre mesure également salutaire pour prévenir toute infraction au traité, c'est de porter la même peine contre l'embaucheur ou le receleur de l'apprentif dont le terme d'apprentissage n'est pas expiré.

La nécessité de donner toute protection aux contrats d'apprentissage sera sentie, si l'on réfléchit que ces engagemens sont, par leur nature même, favorables au commerce et aux individus contractans : en effet, l'avantage du chef est de verser promptement dans l'ame de son élève toutes les connoissances qu'il a sur sa profession ; il doit se hâter de l'instruire pour mettre à profit toute son industrie. Mais supposons que l'instituteur n'ait aucune garantie pour le temps que l'élève pourra rester dans son atelier, les intérêts que nous venons de voir se confondre sont, dès ce moment, séparés ; je dis plus, ils sont opposés : le premier regarde l'apprentif comme un espion qui ne veut que lui dérober ses procédés ; et le même atelier qui, naguère, étoit l'asyle de la confiance et de la paternité, n'est plus que celui du secret, de la crainte, de la méfiance : le chef soupçonneux soustrait toutes les opérations délicates et difficiles à l'œil de son élève ; il ne l'emploie qu'à des travaux grossiers : de sorte que le jeune homme, après un séjour long et pénible dans l'atelier, n'en rapporte que les connoissances qu'on n'a pas pu lui tenir cachées.

Le contrat d'apprentissage devient encore nécessaire sous un autre rapport : les divers travaux d'un atelier ne sont pas tous également faciles et agréables ; et, comme le jeune homme n'est que trop souvent disposé à se refuser aux opérations difficiles ou dégoûtantes, il faut une force coactive pour l'y contraindre : or, cette force n'existe que dans les liens qui le retiennent dans l'atelier et le mettent à la disposition du chef.

D'un autre côté, les diverses opérations d'une fabrique présentent un tel enchaînement, une sorte de filiation si bien établie, qu'il faut les avoir exécutées toutes pour connoître l'art dans tout son ensemble. Il faut donc que l'élève suive pas à pas cette gradation qui le fait passer de l'une à l'autre : sans cela, il s'établira des lacunes dans ses connoissances, qui en feront toujours un artiste borné. Mais, comme la nécessité de cette filière de travaux n'est pas sentie par l'élève ; comme sa dangereuse imprévoyance et une sotte prévention le portent sans cesse au-delà des bornes, il ne faut rien moins qu'une autorité légale ou paternelle pour le retenir dans sa carrière et la lui faire parcourir à pas lents.

J'ai vu des hommes du premier mérite embrasser une profession qu'ils n'avoient pas étudiée dans tous ses détails, et ne pas y obtenir tous les succès qu'ils devoient s'y promettre, parce qu'ils en avoient méprisé ou négligé certaines opérations, minutieuses en apparence, et qui par-là leur paroissoient très-étrangères à l'art lui-même. Il est dans chaque atelier une organisation propre, une espèce d'économie intérieure, fruit de l'expérience et du goût éprouvé du public, qui n'est pas susceptible d'être enseignée, et ne peut se transmettre que par la pratique des détails qui la constituent. Ici, l'apprentissage ne peut être suppléé en aucune manière.

Mais l'élève sortant de l'atelier de son maître, ne connoissoit encore que les procédés qui y étoient pratiqués. Il parcouroit alors les principales villes de la France pour étudier son art dans tous les ateliers ; et ce n'étoit qu'après avoir fait son tour de France qu'il fixoit invariablement son domicile. C'étoit sur-tout dans les professions de serrurier, charpentier, maçon et menuisier, que cet usage étoit établi ; c'étoit aussi dans celles-ci qu'il devenoit le plus nécessaire, parce que le mode de travail y dépend beaucoup moins des localités que dans plusieurs autres.

Je ne puis pas confondre le compagnonage avec les corporations proprement dites, parce qu'il n'en a ni les principes, ni les inconvéniens. L'esprit de corps qui se perpétuoit dans les corporations, avoit sans doute quelque avantage ; mais il étoit essentiellement nuisible au progrès de l'art, en ce qu'il concentroit dans un très-petit nombre de bras l'entreprise de tous les travaux ; et que par conséquent il éteignoit l'émulation, qui, très-souvent, naît du besoin de faire mieux, et se montre par-tout compagne inséparable de la concurrence. L'institution du compagnonage, au contraire, instruisoit l'artiste de tous les procédés nouveaux qu'on venoit d'introduire dans les ateliers, agrandissoit son ame par le spectacle de tout ce qui s'y exécutoit de beau et de parfait, nourrissoit son émulation par la fréquentation de tous les talens ; de manière que, de retour dans ses foyers, il avoit des conceptions plus hardies et des méthodes de travail plus parfaites. Le compagnonage, en mettant sans cesse tous les ouvriers d'une nation dans des relations fréquentes, en formoit, pour ainsi dire, une grande société où tous les perfectionnemens, devenus communs, se propageoient dans toutes les parties de la France avec la rapidité de l'éclair.

Oh ! combien les arts ont perdu lorsque tous ces liens fraternels ont été rompus ! Dès ce moment, l'ouvrier, concentré dans sa petite sphère, n'a pas porté plus loin ses regards ; il est devenu étranger à toutes les découvertes ; il n'a eu pour lui que ses propres forces : et, dans cet état, les arts, qui n'avancent que par les efforts de l'émulation, ont dû languir dans une pernicieuse stupeur.

Non-seulement le compagnonage étoit utile sous le rapport des progrès de l'art ; mais son organisation étoit telle, que l'artiste qui y étoit une fois admis n'avoit plus à redouter ni le manque de travail, ni les horreurs de la misère. Arrivoit-il dans une ville dont tous les ateliers étoient au complet ? un des plus anciens compagnons lui cédoit sa place. Étoit-il atteint de maladie ? les soins les plus assidus lui étoient prodigués. Toujours au-dessus des besoins, il ne s'avilissoit ni par des vols, ni par aucune bassesse : une indépendance bien sentie élevoit son ame et y nourrissoit cette noble fierté nécessaire à l'artiste. C'étoit-là vraiment une corporation fraternelle et utile. Il m'en coûte de publier qu'une si belle institution ait dégénéré en deux sectes, que la fureur armoit l'une contre l'autre, et dont les individus se livroient des combats à mort à chaque rencontre. S'il eût été possible d'éteindre ces animosités et de réunir de sentiment des hommes qui marchoient tous vers le même but, le compagnonage eût formé la plus belle comme la plus utile des corporations. Il seroit difficile, peut-être même dangereux, de le rétablir aujourd'hui ; mais je donnerai les moyens d'y suppléer.

On voit, d'après tout ce qui précède, que le Gouvernement a constamment livré l'artiste à ses propres ressources. On peut même reprocher à l'organisation actuelle de l'enseignement public, de n'avoir rien fait pour la classe la plus nombreuse comme la plus précieuse de la société. En effet, au sortir des écoles primaires, le jeune homme est rendu à ses parens ; et les écoles centrales (si on en excepte le dessin) n'offrent plus aucune ressource pour celui qui se destine à l'exercice d'une profession mécanique ; de sorte que l'instruction, telle qu'elle est organisée en ce moment, n'est profitable qu'à une très-foible partie de la population.

Cependant les arts de fabrique ont leurs principes : les bases de toutes leurs opérations sont fixées par la science ; les artistes, comme membres de la société, ont droit à l'instruction : ils peuvent la réclamer ; et il est du devoir, comme de l'intérêt du Gouvernement, de faire disparoître cette lacune dans le système de l'enseignement public.

Je suis loin de penser que les écoles de chimie, telles qu'elles existent aujourd'hui, puissent remplir le but qu'on se propose : dans toutes ces écoles, on s'occupe de trop d'objets pour que l'élève y trouve les connoissances nécessaires pour chaque art en particulier : on y fait connoître, à la vérité, les principes sur lesquels reposent les opérations ; mais on ne se livre point à des développemens suffisans. L'art de la teinture, par exemple, y est enseigné dans une ou deux séances, après lesquelles on ne connoît ni l'art des manipulations, ni le choix des matières, ni la disposition des ateliers. Tout s'est borné, dans ce peu d'instans consacrés à la description du plus compliqué de tous les arts, à lier quelques idées sur le principe colorant, les mordans et la nature d'un assez petit nombre de matières tinctoriales. Ainsi la chimie donne la clef des opérations de l'art ; mais, ne s'occupant pas assez de détails dans l'enseignement public, elle ne parviendra jamais à former un artiste.

C'est cet état d'imperfection dans l'enseignement qui fait que l'artiste, n'y trouvant jamais les développemens qui lui sont nécessaires, méconnoît les rapports de la science avec sa profession. C'est ce qui fait encore que la théorie et la pratique, qu'un intérêt commun devroit confondre, marchent sur deux lignes parallèles et n'avancent que lentement, parce que leur nature les rend inséparables.

Le seul moyen qu'a le Gouvernement de s'acquitter envers les artistes de la dette sacrée de leur éducation, c'est de former pour eux des écoles d'instruction-pratique qui répondent à la grandeur et à l'intérêt de l'objet.

Je crois qu'il lui est possible d'atteindre ce but, en formant quatre grands établissemens qui embrasseroient la presque totalité des opérations qui appartiennent aux fabriques.

Le premier auroit pour objet les travaux de la teinture, impression sur toile et préparations animales.

Le second traiteroit des métaux et de leurs préparations.

Le troisième feroit connoître les terres et leurs usages pour la fabrication des poteries : il s'occuperoit en même temps des travaux de la verrerie.

Le quatrième apprendroit à former les sels ; à extraire les acides et les alkalis ; à distiller les vins, les plantes aromatiques, et à combiner les parfums.

Pour organiser convenablement l'instruction pour toutes ces parties, il faut d'abord s'occuper des dispositions générales qui sont applicables à toutes : après quoi nous descendrons aux conditions particulières que chacune d'elles exige.

Dispositions générales.

Je comprends dans le nombre des dispositions générales, l'emplacement et l'organisation intérieure de chaque établissement, dans tout ce qui a rapport à l'enseignement et à l'administration.

Par rapport à l'emplacement, je ne pense pas qu'on puisse ni qu'on doive réunir ces quatre établissemens dans un même lieu : il est des arts qui n'ont absolument aucun rapport entr'eux ; on peut donc les séparer sans inconvénient. Il en est d'autres qui ont des localités propres ou des climats qui leur sont affectés ; et ceux-ci ne peuvent encore prospérer que là où les hommes, l'air, l'eau, les terres leur conviennent.

L'emplacement des écoles-pratiques doit donc varier ; et la position de chacune d'elles doit être déterminée d'après les résultats que donne le calcul des avantages et des inconvéniens que présentent les divers points de la république sur lesquels on pourroit les établir.

L'établissement d'une école-pratique suppose la libre et entière disposition d'un vaste bâtiment dans lequel on puisse développer tout le système d'enseignement nécessaire. Il existe encore des propriétés nationales qu'on pourroit consacrer à ce bel usage.

Il suffit de jeter un coup d'œil sur la division que nous avons déjà établie, pour se convaincre de l'insuffisance d'un seul professeur pour l'enseignement complet de plusieurs de ces parties. Il n'en est aucune qui ne se subdivise, dans la société, en plusieurs professions distinctes, mais dont les principes sont tellement liés, qu'on ne peut pas les séparer sans de très-graves inconvéniens. L'établissement de plusieurs professeurs dans la même école, a l'avantage inappréciable de présenter à chaque élève et dans tous ses détails, la partie qu'il veut embrasser.

En se pénétrant du vrai but de cette institution, on jugera d'avance que les expériences qu'on fera dans chaque atelier, n'auront plus ce caractère de mesquinerie qu'on ne voit que trop souvent dans les établissemens publics. Toutes ces opérations devront y être exécutées avec tous les développemens qu'on leur donne dans les ateliers de fabrique : elles seront telles que l'ouvrier n'aura qu'à copier lorsqu'il s'en retournera dans ses foyers pour y former et fixer son établissement.

Il ne faut pas cependant outrer ce dernier principe : sans doute que la pratique d'un art ne peut s'acquérir que par des travaux en grand ; mais il est vrai de dire que les élémens d'une science peuvent être connus d'après les seuls résultats d'expériences en petit. Il paroit donc qu'il est de l'intérêt de l'élève et de celui du Gouvernement d'avoir un atelier de recherches dans chaque établissement, où le professeur puisse s'occuper des principes de l'art avant de se livrer aux grandes applications.

Il suit encore de ces principes que nul ne pourra être admis à enseigner dans l'une de ces écoles, s'il n'a déjà dirigé un grand établissement de même nature, et s'il ne possède exactement la théorie de son art. On peut établir aujourd'hui ces conditions sans craindre de manquer de sujets capables ; car on regarde par-tout la saine pratique comme inséparable de la théorie fondée sur le rapprochement des faits.

Cette manière de travailler en grand, seroit bien moins dispendieuse qu'on ne l'imagine : ici, tous les produits ont une valeur ; tandis que dans les travaux de recherches, tout n'est que perte et sacrifices. Je dis plus : il n'est pas d'opération exécutée avec soin, sur laquelle on ne puisse s'assurer le bénéfice du fabricant lui-même : ainsi, outre l'avantage inappréciable de l'instruction et du perfectionnement des arts, le Gouvernement trouveroit dans ces établissemens une ressource féconde en approvisionnemens de tout genre.

Les professeurs seroient nommés par le Gouvernement, sur la présentation d'un jury composé de trois membres, qui formeroient un conseil auprès de lui. Ce jury surveilleroit l'enseignement dans toutes les parties de l'institution, et assureroit l'exécution des réglemens qui seroient faits à ce sujet.

Indépendamment des professeurs destinés à l'enseignement, je crois que chacun de ces établissemens doit avoir une administration étrangère à l'instruction et chargée spécialement des achats, des ventes, et généralement de tout ce qui concerne l'économie intérieure de la maison. Cette administration doit avoir un chef nommé par le Gouvernement, qui seul délibérera avec les professeurs sur les divers objets qui intéressent le matériel de l'enseignement.

Tous les jeunes gens qui se destineroient à une profession, seroient admis à recevoir l'instruction dans ces écoles nationales : les seuls titres qu'on pourroit exiger d'eux pour y obtenir leur inscription, se borneroient à une attestation de bonne conduite, de la part de l'administration du lieu de leur domicile.

Mais la plupart de ces élèves appartenant à des parens peu fortunés, et la nation leur devant fournir les moyens de s'instruire pour les rendre utiles à la société, je crois qu'il est indispensable de leur assigner une légère indemnité, tant pour le séjour dans l'école, que pour les frais de route : ce foible salaire ne sera pas sans doute exigé par tous ; mais il est nécessaire au plus grand nombre.

Comme l'émulation nourrit et accroît les forces des élèves, on ne doit négliger aucun des moyens qui peuvent l'exciter ; et je pense que des encouragemens accordés aux progrès, au zèle et à la bonne conduite, devroient couronner les travaux de chaque année. Les noms des jeunes gens qui auroient mérité quelque distinction seroient proclamés avec solemnité, et inscrits, à côté des ouvrages couronnés, dans une salle consacrée à ce dépôt.

Pour éviter l'influence meurtrière de la faveur, j'appellerois les élèves eux-mêmes à prononcer sur le mérite de leurs camarades : je les ai vus constamment justes et sévères dans leurs jugemens ; l'expérience nous a prouvé qu'il n'y a pas de couronne mieux méritée ni plus flatteuse que celle que décernent des rivaux. Je desirerois donc que la décision des élèves fût prononcée la première, et que celle des maîtres n'en fût que la confirmation ou le rejet. Dans ce dernier cas, ils seroient tenus de motiver leur décision en présence des premiers juges.

Il est difficile, il seroit même nuisible aux progrès des arts, de fixer un terme au séjour d'un élève dans chacune de ces écoles : il ne peut avoir d'autres bornes que celles que pose le degré d'intelligence de chaque élève. L'administration doit avoir toute latitude pour prononcer que l'instruction est terminée, et donner alors à l'élève un certificat de sortie qui atteste sa capacité. Elle doit, en même temps, être autorisée à refuser un plus long enseignement à l'individu qu'une mauvaise conduite soutenue ou une incapacité confirmée rendent peu propre à profiter des leçons de l'école.

Au reste, tous ces détails sont presque étrangers à l'objet principal qui m'occupe, et je me hâte de passer aux dispositions particulières.

Dispositions particulières.

Sans doute que l'organisation de tous les établissemens doit être une par les principes ; mais leur nature très- différente nécessite des modifications qu'il est important de faire connoître pour retirer de chacun d'eux le plus grand avantage possible.

École de Teinture et de Préparations animales.

Cette école nous paroît devoir être placée à Lyon. Il est d'abord reconnu que c'est la position la plus favorable à la teinture : quoique le midi présente plus d'avantages pour celle des cotons, les approvisionnemens sont assez faciles à Lyon pour ne pas séparer et désunir des genres de teinture dont le rapprochement doit produire de très-heureux effets.

Cette première partie de l'école pourroit être divisée en trois sections, dont l'une auroit pour objet la teinture des soies ; la seconde, celle des laines ; et la troisième, celle des fils et cotons, de même que leur impression.

Chacune de ces sections auroit un atelier particulier, dans lequel seroient disposés les appareils nécessaires à l'art.

Chacune d'elles présentant des détails infinis, des procédés propres qui exigent des appareils particuliers, seroit enseignée séparément. Mais comme il y a beaucoup d'analogie entre la teinture en soie et celle des laines, entre la teinture des cotons et celle des fils, je pense que deux professeurs seroient suffisans.

La seconde partie, qui a pour objet les préparations animales, exige pareillement deux professeurs : l'un qui seroit essentiellement chargé d'expliquer tout ce qui a rapport aux opérations sur les cuirs ; tandis que le second auroit pour objet de faire connoître plusieurs opérations qui forment toutes autant de professions distinctes, telles que l'art de fabriquer les colles ; de travailler l'ivoire, la corne et les os ; de feutrer les poils ; d'extraire et de purifier les huiles et les graisses ; de fabriquer le beurre et le fromage ; de préparer les viandes, etc.

École des Travaux métalliques.

Celle-ci ne doit être qu'une extension de celle des mines qui existe aujourd'hui. C'est dans Paris que je conserverois tout ce qui tient à l'enseignement général et à l'administration.

Comme l'importance et l'étendue de cette belle partie des arts exigent qu'on multiplie les écoles-pratiques de perfectionnement sur les divers points de la République, je desirerois qu'il s'en formât une dans le ci-devant Berry, ou dans le comté de Foix, pour y enseigner et pratiquer en grand la fabrication des aciers, celle des limes, des scies et des faulx. J'en placerois deux autres à Paris, dont l'une auroit pour but d'instruire sur l'art de l'étamage, de la dorure, et généralement sur tout ce qui a rapport à l'alliage et au départ des métaux ; tandis que l'autre s'occuperoit de l'art de filer les métaux, de les malléer, de les limer, de les couler, de les laminer, de les oxider, etc.

École de Poterie et de Verrerie.

L'école de poterie et verrerie seroit établie à Sèvres.

Le bel établissement de porcelaine qui y existe a été le berceau de toutes les découvertes comme de tous les talens en ce genre : mais aujourd'hui qu'il a rempli son but, aujourd'hui que d'autres rivalisent de perfection avec lui, je croirois indigne de la nation de faire pour lui de nouveaux sacrifices, si je ne voyois pas un moyen facile de le rendre à sa première destination. Il peut de nouveau servir d'école, et acquérir à la poterie grossière de nos climats la supériorité qu'ont acquise nos porcelaines. Ce second objet est, sans contredit, d'un intérêt au moins égal au premier, puisqu'il est un besoin pour toutes les classes de la société.

L'établissement de Sèvres est tel, que l'instruction pourroit y être établie presque dès aujourd'hui. Sa position est même très-favorable, puisqu'elle se trouve au centre des terres les plus propres à ces travaux, et déjà, pour la plupart, employées à cet usage.

La partie de la verrerie y seroit moins avantageusement placée : mais comme il est utile de réunir ces deux objets, et que Sèvres présente déjà l'établissement d'une belle verrerie, je n'hésite pas à y fixer ce dernier établissement. Deux professeurs suffiroient pour ces deux parties.

École d'Halotechnie et de Distillation.

Cette école ne sauroit être plus avantageusement située qu'à Montpellier. Le commerce des vins, liqueurs et parfums s'y alimente des productions territoriales ; la proximité de l'Italie et de la mer y rend le soufre et le salpêtre très-abondans : le voisinage des salines, la fabrication du vert-de-gris, du sel de saturne, des crèmes de tartre et de la soude, l'exploitation peu éloignée de plusieurs mines d'alun et de couperose, forment une telle réunion d'avantages, qu'on ne pourroit sans injustice préférer aucun autre emplacement.

Cette école demanderoit deux professeurs : l'un ne s'occuperoit que de la fabrication des acides (tels que eau forte, huile de vitriol, esprit de sel, vinaigre, etc.) et de leurs combinaisons les plus importantes avec les bases terreuses, métalliques et alkalines. Le second professeur ne traiteroit que de l'art du distillateur et des combinaisons et mélanges des produits qui en proviennent avec les divers excipients, ce qui embrasse les professions du liqueuriste, du parfumeur, etc.

Les avantages de ces sortes d'établissemens ne peuvent être révoqués en doute que par les hommes essentiellement étrangers aux arts ou indifférens à leur prospérité. Et, s'il pouvoit s'en trouver encore qui méconnussent le pouvoir de la science sur la pratique, il me suffiroit sans doute de leur présenter les exemples suivans.

La fabrique de Sèvres fut le berceau de l'art de la porcelaine en France : en très-peu d'années, les ouvrages qui en sortirent excitèrent l'admiration de toute l'Europe. Ces progrès rapides furent le fruit des connoissances dont le Gouvernement entoura cet établissement à sa naissance : et les résultats immédiats de l'instruction qui a été portée dans ces ateliers, furent, d'une part, la gloire pour la nation de posséder le plus bel établissement de porcelaine connu en Europe ; et, de l'autre, l'avantage d'ouvrir au commerce une nouvelle branche d'industrie.

Les temps où la fabrique d'armes a été établie à Versailles, sont encore plus près de nous ; et déjà nous y possédons les artistes les plus distingués de l'Europe.

Qui pourra croire que les corps du génie et de l'artillerie français fussent parvenus au degré de supériorité qu'ils ont atteint, si des écoles pratiques ne les avoient préparés à l'exercice des fonctions importantes et difficiles qu'ils étoient appelés à remplir ?

N'est-ce pas aux écoles d'instruction répandues en Allemagne que le Gouvernement doit la prospérité de ses exploitations métalliques ?

Les établissemens pratiques, tels que je les propose, ont encore l'avantage d'exciter l'émulation parmi les élèves, de fournir les moyens de distinguer le talent, et de présenter avec ordre et en peu de temps tous les principes d'un art.

À l'aide de pareilles institutions, non seulement nos fabriques s'enrichiroient de leurs propres découvertes ; mais rien de ce qui se feroit d'intéressant chez l'étranger ne leur seroit inconnu : tandis que, par le long et pénible séjour que fait l'apprentif dans un atelier, il n'acquiert jamais qu'une partie des connoissances de son maître.

SECTION II. MOYENS DE DIMINUER LE PRIX DES PRODUITS DE FABRIQUE

C'est sans doute beaucoup d'avoir organisé l'instruction ; mais ce n'est encore là qu'une partie des devoirs que le Gouvernement a à remplir pour assurer la prospérité des fabriques.

Ce n'est pas tout que de planter un arbre, il faut encore ne pas l'étouffer par une culture mal entendue ; et c'est néanmoins ce qui arrive chaque jour lorsqu'on fait des loix peu réfléchies sur l'exportation et l'importation des matières premières ou des produits de nos fabriques.

Si une mauvaise loi sur les douanes ne produisoit qu'un mal passager, nous adoucirions les momens désastreux de son exécution par l'espoir d'en obtenir tôt ou tard la révocation ; mais les traces qu'elle laisse après elle sont ineffaçables : non-seulement elle ruine la fabrication par le manque forcé d'approvisionnemens ou de consommation, mais elle oblige l'étranger à s'ouvrir d'autres débouchés, à contracter d'autres liaisons, à fabriquer les mêmes produits, à nous enlever nos métiers, nos artistes, en un mot, à faire émigrer notre industrie manufacturière. Il me seroit aisé de prouver qu'une taxe trop forte, établie momentanément sur l'exportation des cuirs préparés en France, a ruiné les fabricans du midi.

Tous les efforts du Gouvernement doivent tendre à faciliter les approvisionnemens des fabriques, et à assurer la consommation des produits manufacturés.

On peut donc établir, comme axiomes de commerce et comme règle de conduite pour le Gouvernement, les principes suivans :

1°. Il doit être libre au fabricant de s'approvisionner de toutes les matières premières de son industrie dans tous les pays où ces matières lui présentent plus d'avantages, soit par le prix, soit par la qualité.

2°. Le Gouvernement doit rendre libres l'entrée et la circulation de toutes les matières premières des fabriques.

3°. Les produits manufacturés doivent jouir des mêmes avantages pour l'exportation.

4°. Le Gouvernement doit imposer le fabricant, et affranchir, presque de toute redevance, les matériaux et le produit de son industrie. Il ne perdra jamais de vue que la loi qui surtaxe les marchandises en tarit la consommation.

Le Gouvernement doit se rappeler sans cesse que l'artiste, livré à ses propres forces, ou contrarié dans l'exercice de sa profession, peut à peine fournir à sa subsistance ; et que, dans ce cas, une imposition, quelque foible qu'on la suppose, est toujours prélevée sur ses besoins ; tandis que, favorisé du Gouvernement, tant pour ses approvisionnemens que pour ses débouchés, il peut fournir une imposition énorme par le simple abandon d'une portion de son superflu.

Mais il ne suffit pas au Gouvernement d'encourager les fabriques par les moyens que je viens d'indiquer : il faut encore, pour qu'elles prospèrent, qu'elles puissent concourir avantageusement avec celles des pays voisins ; et, sous ce dernier point de vue, nous allons les considérer au dehors et au dedans de la France.

Ce n'est pas, ainsi qu'on l'a cru assez généralement, en prohibant l'entrée des produits étrangers, qu'on donnera de l'avantage à nos fabriques nationales. Cette prohibition entraîne avec elle trois inconvéniens majeurs.

Le premier, c'est de frustrer l'État d'un revenu de douane.

Le second, c'est de présenter un appât à la contrebande.

Le troisième, c'est de ne plus offrir de stimulant à l'émulation de nos fabricans.

Ainsi, d'après ces considérations, je veux que les produits des fabriques étrangères viennent concourir sur nos propres marchés avec ceux de nos fabriques nationales. Mais, comme le Gouvernement impose le fabricant français, il est de toute justice qu'il impose la fabrication étrangère ; et je pense que le droit d'importation ne doit pas s'élever au dessus de 12 à 15 pour 100 de la valeur commerciale, si l'on veut allier tous les intérêts.

Mais, pour que nos produits manufacturés puissent concourir sur tous les marchés de l'Europe avec ceux des autres nations, il faut pouvoir rivaliser avec elles sous le double rapport du prix et de la qualité : c'est-à-dire, qu'il faut faire aussi bien et à aussi bas prix.

Il n'est peut-être pas d'objet de fabrication, qu'on ne puisse exécuter en France avec une aussi grande perfection que dans les autres pays. Nous trouvons parmi nous des artistes qui peuvent le disputer en mérite aux premiers talens connus de l'Europe : mais la masse de nos artistes est peu instruite ; et il arrive de-là que généralement on fait moins bien.

Je vois d'abord deux causes puissantes qui tendent à propager cet état d'imperfection : la première, c'est le défaut d'instruction dans les artistes ; la seconde, c'est le manque de goût dans le consommateur.

L'exécution du projet d'enseignement que je propose remédie à la première de ces causes, et prépare une heureuse révolution pour la seconde. En effet, à mesure que les lumières pénétreront dans les ateliers, la routine et les préjugés disparoîtront : la perfection apportée dans les travaux formera peu à peu le goût du consommateur ; car le goût se forme par la vue constante d'objets parfaits, ou par la fréquentation d'artistes instruits.

Le défaut de goût dans le consommateur courbe, à la longue, l'artiste le plus habile sous le joug de la médiocrité : du moment qu'un ouvrage parfait n'est plus distingué d'un ouvrage incorrect, l'artiste ne sent que trop qu'il feroit, à pure perte, le sacrifice de son temps pour perfectionner son ouvrage ; il se borne à des ébauches ; et peu à peu son talent s'affoiblit par une suite constante d'une pratique négligée. Il existe néanmoins des hommes qui, fortement travaillés de la gloire de leur art et du besoin de bien faire, donnent encore à leurs travaux l'empreinte de tout leur talent : mais, à la honte du consommateur français, ces artistes traînent leurs jours dans la misère, tandis que la médiocrité prospère et s'enrichit.

La grande différence qu'il y a entre les produits des artistes français et ceux des artistes anglais, annonce moins une disproportion entre les talens qu'une différence choquante dans les connoissances des consommateurs des deux nations. À Londres, l'artiste ne parviendra à vendre avantageusement que l'objet qui présentera tous les caractères de la perfection : à Paris, la moindre différence dans le prix élève l'ouvrage incorrect au niveau de l'ouvrage le plus parfait : de sorte que l'artiste ne peut pas être plus difficile sur son exécution que le consommateur ne l'est lui-même sur son jugement. Ce mauvais goût disparoîtra bientôt par l'effet des bonnes institutions et par la vue constante du beau : ainsi, tâchons de bien faire, et les bons ouvrages formeront eux seuls de justes appréciateurs de leur mérite.

L'empire du goût du consommateur sur le perfectionnement des arts est si bien établi, que nous voyons prospérer en France tout ce qui peut être dirigé par ce caractère national qui distingue le peuple français de tous les autres peuples : la bijouterie, la clincaillerie, la broderie s'exécutent chez nous avec une perfection qui en rend l'exportation très-considérable, parce que tous ces produits se distinguent par une élégance dans les formes et une variété d'exécution que les autres peuples n'ont pu atteindre.

Il n'est pas douteux que si par de bonnes institutions on parvient jamais à maîtriser et diriger cette imagination brûlante qui caractérise l'artiste français, il prendra la première place dans tous les arts de fabrique, comme il l'a déjà dans tous ceux d'agrément.

Mais de deux artistes qui auront atteint le même degré de perfection, celui-là aura l'avantage, qui pourra fournir au plus bas prix dans tous les marchés de l'Europe : c'est cette différence dans les prix qui fait que nos produits manufacturés ne peuvent pas y concourir avec ceux des Anglais, quoique portés à des degrés égaux de perfection.

Cet avantage qu'ont sur nous les Anglais tient à plusieurs causes : la première de toutes dépend de la perfection de leurs mécaniques ; par elles seules, le prix de la main-d'œuvre est tellement diminué, que le travail d'un seul homme équivaut à celui de quatre-vingts à cent ; la filature des cotons nous en offre une preuve. Les mécaniques ont encore l'avantage de rendre le travail plus parfait ; de sorte qu'alliant la perfection à l'économie, elles doivent écraser toute concurrence qui n'est pas fondée sur les mêmes moyens.

La division du travail forme encore une des principales causes de la prospérité des fabriques : l'ouvrier qui reste toujours attaché à l'exécution de la même partie, contracte tellement l'habitude du même travail, qu'il fait mieux et plus vite. Dix ouvriers, se partageant les opérations nécessaires pour fabriquer une épingle, en font cinquante mille par jour ; tandis qu'un seul, s'occupant séparément de tous les détails, ne parviendroit pas à en fabriquer vingt.

Ces vérités sont senties et convenues : cependant on ne les adopte pas assez généralement en France, et nous restons toujours sous le poids d'une main-d'œuvre qui écrase nos manufactures. Plusieurs causes me paroissent se réunir pour écarter de nos ateliers tout ce qui a pour but d'y diminuer la main-d'œuvre : d'abord, l'on craint de forcer à l'inaction une partie des bras occupés jusqu'ici à ces divers travaux ; comme si le bas prix de l'objet manufacturé, qui en centuple la consommation en ouvrant cent portes de plus au débouché, ne déterminoit pas une fabrication au moins centuple, et ne conservoit pas par conséquent du travail à tous les bras !

Mais la plus grande cause qui arrête l'adoption de ces mesures salutaires, c'est qu'en général la consommation de nos fabriques n'est point assez forte, ni les entrepreneurs assez courageux pour risquer les frais de ces établissemens. Je m'explique : on sait généralement que la force la plus puissante, comme la plus économique, est celle de la pompe à feu ; je dis plus, il n'y a pas de fabricant qui n'en désire pour le service de ses propres ateliers : mais il est détourné du projet de l'établir, d'un côté par les frais d'une semblable entreprise ; de l'autre, parce que le Gouvernement ne lui a donné jusqu'ici aucune garantie contre les événemens qui peuvent paralyser ses efforts.

Les Anglais ont adopté l'usage du cylindre pour imprimer les toiles : le travail en est plus prompt et plus correct. Eh bien ! l'adoption d'une pareille mécanique seroit ruineuse chez nous, attendu que le gain qu'on feroit sur le peu d'exemplaires qu'on vendroit du même dessin, ne couvriroit pas les frais de la confection de cette machine. En Angleterre, le fabricant a déjà placé dix mille pièces de toile imprimée avant que le dessin soit terminé. On fabrique aujourd'hui les rasoirs dans plusieurs ateliers de Paris avec autant de perfection qu'à Londres ; mais un bon rasoir coûte à Paris quatre fois plus qu'à Londres, parce que le fabricant anglais divise son travail, le simplifie par des machines, et débite dix mille rasoirs par an, tandis que le fabricant de Paris en vend à peine quelques douzaines ; ce qui ne permet à ce dernier ni de diviser son travail, ni de le simplifier, ni de répartir un gain modique sur chaque pièce.

Outre la perfection donnée au produit, et la diminution apportée dans la main-d'œuvre, nous avons donc encore à vaincre le préjugé de la réputation, et le pouvoir de l'habitude sur le consommateur. Le temps et une suite de produits constamment bien fabriqués, peuvent seuls faire tomber d'eux-mêmes tous ces obstacles ; il n'appartient pas plus au Gouvernement qu'à la raison d'en forcer la chute.

Tous les genres de fabrication ne sont cependant pas propres à recevoir toute l'extension dont nous venons de parler ; il en est qu'on peut regarder comme des opérations de ménage : ce sont sur-tout ceux qui s'alimentent de quelques productions territoriales qui se consomment sur le lieu même. Les grands développemens des forces mécaniques et de la division des travaux ne sont essentiellement applicables qu'aux préparations qu'on donne aux étoffes et aux métaux, parce que, d'un côté, ces objets ne sont pas bornés dans leur consommation, et que, de l'autre, les travaux qu'on exécute sur eux sont aussi variés que multipliés.

Mais ce seroit en vain que le fabricant organiseroit son atelier avec intelligence et économie, si le Gouvernement ne lui garantissoit pas l'exécution des traités qu'il peut conclure avec ses ouvriers : l'intérêt du commerce, le maintien des bonnes mœurs et la sûreté publique, réclament hautement cette garantie.

Un ouvrier qui entre dans une fabrique engage la disposition de ses forces, moyennant un salaire convenu. Sous ce premier rapport, il paroîtroit que l'ouvrier et le chef peuvent se séparer à chaque instant ; et je suis loin de contester le principe en lui-même. Mais ici se rattachent des considérations qui intéressent essentiellement le commerce ; et c'est sous ce point de vue que je vais envisager ces engagemens.

Un ouvrier doit avoir la faculté de quitter son maître à chaque instant, par cela seul que son maître peut le renvoyer à chaque instant : mais comme cette facilité doit entraîner de très-graves inconvéniens, puisqu'elle peut amener la dissolution d'une fabrique, il faut trouver le moyen de concilier l'intérêt du commerce avec les droits des individus : or, ces moyens seront ceux qui, en assurant à un entrepreneur le travail de l'ouvrier pendant un temps déterminé, garantiront celui-ci d'un renvoi imprévu et non mérité.

Pour atteindre ce but, il faut que les parties intéressées puissent se lier par un contrat dont le Gouvernement seul peut assurer la garantie : sans cette déclaration formelle de sa part, par laquelle il accordera protection à toutes les conditions du traité fait entre le chef et l'ouvrier, les parties contractantes seroient toujours le jouet de leur caprice ou de leur mauvaise foi.

Il suit encore de ces principes que la sûreté publique, le commerce et les mœurs veulent qu'un ouvrier ne puisse être reçu dans un atelier, qu'autant qu'il déposera entre les mains de son nouveau chef un certificat de bonne conduite délivré par le propriétaire de l'atelier d'où il sort. Pour assurer l'exécution d'une mesure aussi essentielle, le Gouvernement pourroit déclarer qu'il n'accorde protection contre un ouvrier, qu'à ceux des chefs d'ateliers qui justifieroient de la remise de ce certificat en leurs mains.

Ce sont ces mesures sages et conservatrices qui assurent la prospérité des fabriques, et établissent des rapports d'amitié toujours précieux entre le chef et les ouvriers.

Ce sont ces mesures qui, donnant au chef l'assurance d'une main-d'œuvre calculée, et assurant à l'ouvrier un bien-être toujours dépendant de sa conduite, permettent au premier de donner à ses spéculations toute l'étendue convenable, et tranquillisent le second sur ses moyens de subsistance.

Sans ces liens précieux, qui forment une seule famille de tous les individus composant un atelier, on n'y voit qu'indifférence, soupçon, inquiétude, dureté, &c.

Les demandes d'objets manufacturés viennent-elles à se ralentir ? Un ouvrier est-il atteint de maladie ? La porte de l'atelier lui est interdite ; tout secours lui est refusé ; et, jouet infortuné du caprice et des circonstances, il épuise dans l'inaction le peu de ressources qu'il s'étoit faites. D'un autre côté, l'ouvrier sent-il le besoin qu'on a de ses bras ? Il pressure le chef et lui impose une loi toujours nuisible au commerce ; il sacrifie son atelier à l'offre d'un plus fort salaire momentané : l'ouvrier et le chef se trouvent ainsi dans un état de guerre habituel : leurs intérêts, qui devroient se confondre, se croisent et se heurtent à chaque instant ; et la prospérité du commerce, qui ne peut être que le résultat d'une parfaite harmonie, et qu'on ne sauroit séparer du bien-être des individus, est sacrifiée à de mauvaises combinaisons.

SECTION III. DES EMPLACEMENS QUI CONVIENNENT AUX DIVERS GENRES DE FABRICATION

Personne n'a médité profondément sur les arts sans se convaincre que les produits de l'industrie ont un sol et des climats qui leur sont essentiellement affectés. Chaque objet a sa place marquée sur notre planète ; et c'est une grande erreur que de penser que toute terre est propre à toute culture, que tout sol convient à toute fabrique.

C'est pour n'avoir pas bien calculé la possibilité des approvisionnemens, la facilité des débouchés, la ressource des bras, le prix de la main-d'œuvre, le génie particulier de l'habitant, qu'on voit trop souvent se dessécher et s'éteindre des branches d'industrie dont on a voulu forcer l'accroissement sur un sol ou dans des climats peu favorables. On sentira combien peuvent les localités sur la prospérité des fabriques, si l'on réfléchit qu'un désavantage de 5 pour 100, par rapport à la position, doit amener tôt ou tard la ruine d'un établissement.

Le choix du sol est donc le premier objet vers lequel doit se porter l'attention de l'artiste manufacturier. Il doit d'abord présenter des facilités pour les approvisionnemens : ainsi une verrerie sera établie au milieu des bois, à côté d'une mine de charbon, ou dans le voisinage d'un canal ou d'une rivière navigable. Un atelier de poterie grossière ne sauroit prospérer que près des terres qu'on fait entrer dans sa composition.

À l'avantage des approvisionnemens doit se joindre la certitude de la consommation : quelquefois même celle-ci balance plusieurs autres inconvéniens, comme on le voit dans plusieurs établissemens qui prospèrent au milieu des grandes villes, quoique les approvisionnemens et la main-d'œuvre y soient dispendieux.

Bien d'autres considérations, qui tiennent au sol, doivent encore influer sur l'établissement des fabriques : par exemple, une terre qui présente de grandes ressources pour l'agriculture, et fournit à tous ses habitans des moyens faciles de subsistance, repousse tout autre genre d'industrie que celui qui a besoin et dépend des productions de la terre elle même ; ainsi des travaux sur le lin, le chanvre, le vin, la garance, bien loin de nuire à l'agriculture, en multiplieront les ressources, tandis que des arts étrangers à la culture y déssécheroient jusques dans leur source les canaux de la prospérité territoriale. J'ai vu trop souvent que dans des momens où les fabriques prospéroient, on en étendoit les travaux des villes jusques dans les campagnes ; l'appât d'un gain momentané et l'attrait d'un travail plus facile changeoient un peuple agriculteur en un peuple manufacturier ; mais, lorsque la stagnation du commerce entraînoit bientôt après des suppressions, ces hommes affoiblis, presque efféminés, avoient perdu l'habitude des rudes travaux des champs, et traînoient dans l'oisiveté une vie languissante et misérable.

Avant de déterminer la position de certains établissemens, il faut encore s'être assuré de la nature des eaux et de celle de l'air : on sait, par exemple, combien le premier de ces agens influe sur les opérations des teintures, papeteries, savonneries, blanchisseries ; et l'expérience nous a prouvé que les fabriques de toiles peintes ne pouvoient pas prospérer dans les climats du midi, parce que l'air sec n'humecte pas convenablement le sol, et que le soleil y brûle les couleurs.

Tous les arts qui demandent une pénible réunion d'hommes, de choses et de moyens, ne peuvent exister qu'auprès des grandes villes. Il est même des arts, tels que ceux qui ont pour objet la fabrication des étoffes, ou certains travaux sur les métaux, qui exigent le concours d'un grand nombre d'individus dont chacun fait mouvoir un des rouages de la machine. C'est ainsi, par exemple, que, depuis le marchand de soie jusqu'à l'apprêteur de l'étoffe, la soie passe par vingt mains différentes, et reçoit de chacune d'elles une préparation.

Il est encore des arts dont le succès est essentiellement lié aux lumières et au bon goût ; et ceux-ci doivent plutôt prospérer dans les villes, parce que là seulement se trouvent réunis les connoissances, les modèles et les ressources de tout genre.

Une prévoyante et sage politique devroit cependant prévenir les funestes effets qui peuvent résulter de cet encombrement d'artistes-fabricans dans une grande ville : c'est un spectacle terrible que de voir l'existence de vingt mille familles essentiellement dépendante de la prospérité d'une fabrique. Lyon, Rouen, Nîmes nous offroient naguère ce tableau déchirant. Et, lorsqu'une révolution politique, un manque forcé d'approvisionnemens, ou une suspension totale de vente, viennent paralyser l'activité de ces fabriques, on voit s'éteindre à la fois l'industrie et la vie de tous ces individus, dans les secousses et les angoisses de la misère et du désespoir.

Pour fixer nos idées d'une manière plus précise, sur le pouvoir des localités par rapport aux fabriques, je crois que nous pouvons, pour le moment, les diviser en trois classes.

1°. Celles qui ont pour objet les travaux sur les substances animales et végétales.

2°. Celles qui travaillent les métaux ou les terres.

3°. Celles qui ont pour but la fabrication des sels.

Les teintures et la confection des tissus d'étoffes tiennent, sans contredit, le premier rang dans la première classe. Et il y a un rapport si naturel entre ces deux parties, qu'elles ne peuvent prospérer qu'à côté l'une de l'autre : le fabricant a sans cesse des ordres à transmettre au teinturier, des nuances à lui demander ; et ces rapports ne peuvent s'établir entr'eux d'une manière convenable, que par des rapprochemens faciles : ces deux artistes ont besoin de se consulter, de comparer, de juger l'effet de leurs produits, de suivre pas à pas le goût du consommateur. Mais supposons, pour un moment, la fabrique de Lyon séparée de la teinture, nous ne tarderons pas à voir que les étoffes qui en proviendront ne présenteront plus, dans l'emploi des couleurs, ce goût exquis, ce choix de nuances, ce contraste de teintes qui n'ont pas peu contribué à donner de la célébrité à cette fabrique. Le teinturier éloigné du fabricant pourra former de belles couleurs ; mais, quelque nombreux qu'en soit l'assortiment, l'artiste ne parviendra pas à les marier avantageusement. D'ailleurs comme les goûts sont très-inconstans, et qu'en fait de couleur, le caprice du consommateur est la loi du fabricant, il seroit ruineux de teindre au hasard pour faire des provisions.

Ce que je dis de la nécessité de rapprocher la teinture de la fabrication, est applicable à toutes les grandes fabriques de drap, soie, coton, &c. ; nous voyons même cette réunion, presque par-tout, consacrée par l'usage, ce qui seul en fait sentir la nécessité.

Si nous jettions un coup-d'œil sur les fabriques d'étoffes qui ont prospéré, nous trouverions par-tout une parfaite réunion des causes qui ont dû en préparer l'établissement et en assurer le succès. À Lyon, une population, trop nombreuse pour s'occuper exclusivement d'agriculture, y appeloit un genre d'industrie quelconque : assise au confluent de deux rivières, dont l'une roule avec rapidité des eaux vives et pures, tandis que l'autre présente une eau tranquille dans un canal profond ; placée entre l'Italie et les Cévennes, où se préparent presque toutes les qualités de soie, la ville de Lyon n'étoit plus libre sur son choix : sa population, sa position, ses eaux lui assuroient la double prospérité de la fabrique et de la teinture des soies. Et si par-tout ailleurs on n'a obtenu qu'une partie des succès de la fabrique de Lyon, c'est qu'on n'a pu en réunir qu'une partie des avantages.

Si nous portions le même examen sur les fabriques d'étoffe, de laine, ou de fil, nous trouverions par-tout la confirmation des mêmes principes :

nous verrions la fabrication des étoffes grossières généralement établie dans les lieux même où en croissent les premiers matériaux, tandis que la confection des tissus fins qui demande du choix et de la variété dans les matières, qui exige beaucoup de main-d'œuvre et plus d'habileté dans les divers travaux, a pu s'établir presqu'indistinctement sur tous les points. Dans le premier cas, la matière première fait presque tout : dans le second, la façon forme elle seule la presque totalité de la valeur de la marchandise : ici le transport de la matière première n'est rien eu égard au prix de l'objet fabriqué ; là, elle est tout. Ainsi, les fabriques de toiles et draps grossiers se sont établies et prospèrent dans les campagnes, tandis que celles des toiles et draps fins existent loin du pays natal des matières qui les alimentent. D'ailleurs, nos draperies fines se sont fabriquées jusqu'ici avec des laines étrangères ; et, dès-lors, le transport des matières premières peut se faire presque indistinctement sur tous les points de la République, sans que le prix de l'étoffe s'en ressente.

Cette dernière considération nous explique pourquoi les fabriques de coton se sont établies avec succès aux deux extrémités de la France, à Rouen et à Montpellier. Mais il nous reste encore à rechercher comment il est possible que les premières de ces fabriques aient pu prospérer à l'égal de celles du midi, lorsqu'il est prouvé que la position en renchérissoit extraordinairement la teinture : en effet, la garance, la soude, l'huile d'olive, le savon, qui forment les matériaux de cette teinture, se récoltent ou se fabriquent dans le midi, et il est bien plus dispendieux de les transporter à Rouen, que d'y transporter les cotons déjà teints, puisque le coton consomme, pour la teinture, quatre fois son poids de ces matières premières. La cause qui dans le nord me paroît avoir balancé les désavantages de la localité, c'est sur-tout l'économie introduite dans ces fabriques par l'adoption des mécaniques pour la filature. Cette économie a été constamment de 10 à 15 pour 100. Une seconde cause qui se lie naturellement à la première, c'est la qualité même de la filature qui, formant des fils bien plus unis, a créé une fabrication plus parfaite.

Il est un principe dont nous trouvons par-tout l'application : c'est que les arts de fabrique doivent compenser par la main-d'œuvre, l'industrie, ou la supériorité des produits, la défaveur des localités. Il faut pour qu'ils prospèrent là où les approvisionnemens sont dispendieux, effacer, pour ainsi dire, le prix de la matière première de la liste des élémens sur lesquels s'établit le calcul du prix d'un produit manufacturé : or, cela n'est possible que pour les objets susceptibles d'acquérir une grande valeur par une fabrication très-soignée. Par exemple, la terre de Limoges servant à la confection d'une poterie grossière, ne peut être employée que sur les lieux ; mais, devenant la base de la porcelaine, il peut être avantageux de la travailler à une grande distance. Ici les frais du transport disparoissent devant cette foule de travaux délicats par lesquels doit passer cette terre ; et il est possible que ces travaux ne puissent être convenablement exécutés que loin du sol qui la fournit.

L'influence des localités est sentie jusques dans les opérations préparatoires des étoffes : les blanchisseries demandent un sol humide et une atmosphère chargée de vapeurs.

Les fabriques de toiles peintes ne prospèrent point dans les climats trop chauds et sur des terrains arides : les couleurs y sont sèches et ternes.

Les papeteries exigent des eaux vives et pures. Les couleurs ne reçoivent ni la même teinte, ni le même éclat dans des eaux différemment chargées.

Je pourrois multiplier les applications, mais il suffit d'avoir posé les principes.

Les fabriques qui ont le travail des métaux pour objet, ont aussi leurs localités marquées : nous pouvons diviser celles-ci en ateliers de fonte et travaux de perfectionnement.

Les ateliers de fonte, dont les produits présentent une valeur peu élevée au-dessus de celle de la matière première, doivent être établis de manière à rendre faciles les approvisionnemens du combustible et du métal.

Si nous voyons prospérer au milieu de Paris quelques ateliers de fonte, malgré le vice apparent de la localité, c'est que cette immense commune réunit en elle-même des avantages qui font disparoître l'inconvénient des localités : 1°. les approvisionnemens en vieux métal s'y font à bas prix ; 2°. la consommation du produit sur les lieux est presqu'assurée ; 3°. les artistes peuvent faire exécuter sous leurs yeux les ouvrages dont ils ont besoin. Nous voyons, par la même raison, s'y maintenir avec succès des verreries en verre noir, parce que les débris de verre et la charrée y sont si abondans, que leur prix mérite à peine d'entrer en compte dans les frais d'approvisionnement. Ces avantages permettent aux entrepreneurs d'acheter le combustible à des prix bien plus élevés que par-tout ailleurs.

On peut encore considérer les établissemens de ce genre formés au milieu d'une grande commune et dans le foyer des sciences et des arts, comme une école extrêmement utile, non-seulement pour s'y former dans les travaux du même genre, mais pour y exécuter des modèles sous les yeux des artistes eux-mêmes. Que de machines ingénieuses seroient restées en simples projets, si l'inventeur n'avoit pas trouvé à côté de lui les moyens de les exécuter ?

Nous pourrions ranger dans la même classe, eu égard à notre objet, plusieurs genres de fabrication, tels que l'aciération, la cloutaison, le laminage, &c. Ici le pouvoir des localités est encore très-marqué : l'aciération, par exemple, trouvera des avantages à côté des bonnes mines de fer ; attendu que l'artiste, à qui l'habitude a appris à distinguer le fer le plus propre à son objet, pourra plus aisément obtenir et faire préparer la qualité qu'il desire. On voit avec peine qu'un des premiers établissemens qu'on ait fait en France pour convertir le fer en acier, ait été placé, à

Amboise, qui ne présente aucune ressource locale. Les ci-devant provinces du Berry et du comté de Foix nous paroissent offrir des avantages, par la nature de leurs fers et l'abondance du charbon, qu'aucune autre partie de la République ne paroît pouvoir leur disputer. On m'objectera, sans doute, que les Anglais, pour qui ces sortes d'établissemens forment une ressource si puissante, acièrent des fers étrangers : mais c'est à la supériorité de ces fers provenant de la province de Roslagie en Suède, que nous devons rapporter cette prépondérance dont leurs aciers jouissent sur toutes les places de l'Europe ; et il suffit de savoir que si la France, ou une autre nation, devenoit adjudicataire de ces fers, les Anglais verroient échapper de leurs mains la principale branche de leur industrie.

Les travaux ultérieurs qu'on exécute sur les métaux, me paroissent un peu moins dépendans des localités, à mesure que la main-d'œuvre devient plus considérable : le prix d'achat primitif et l'article du combustible méritent moins d'attention ; et dès-lors la réussite d'un établissement doit être calculée sur de nouvelles bases : ici c'est la facilité dans les travaux, l'économie dans la main-d'œuvre et la certitude d'une consommation assurée, qui doivent former les élémens de notre calcul. Ces trois avantages peuvent se présenter réunis dans une grande ville : les premiers n'existent généralement que dans les campagnes.

Dans toutes ces sortes de travaux, il faut toujours distinguer avec soin ce qui tient à la mode d'avec ce qui appartient à des qualités de perfection qui ne sont pas sujettes à la versatilité du caprice du consommateur. La bijouterie, la clincaillerie appartiennent de droit au premier genre ; la serrurerie est du second ; et l'horlogerie participe de celui-ci par la base de son travail, tandis que pour les formes elle est assujettie à la mobilité du premier.

Tous les arts dont les produits reçoivent l'influence des modes passagères, doivent être établis dans le foyer même où siègent les individus qui les provoquent, les dirigent, ou les changent. Comme, dans sa marche rapide, la mode n'a généralement d'autre guide que le caprice, l'artiste doit être sans cesse à côté d'elle pour en épier tous les mouvemens ; il doit être léger comme elle, et ne pas porter dans ses travaux cette suite, cette confiance, ces combinaisons dont elle se joue.

Il est un autre genre de fabriques qui n'a été introduit chez nous avec quelque fruit que depuis fort peu de temps, c'est celui des préparations salines. Les Anglais et les Hollandais étoient en possession de nous fournir tous les objets de ce genre ; mais aujourd'hui ces sortes d'ateliers se sont multipliés chez nous avec profusion ; et nous ne doutons pas qu'à mesure que les connoissances chimiques deviendront plus générales, ces établissemens ne se perfectionnent et ne fournissent à tous nos besoins.

Toutes ces fabriques ont pour objet l'extraction des acides et des alcalis, et leur combinaison avec diverses bases.

Les acides les plus employés dans les arts sont le sulfurique, le nitrique, le muriatique et l'acéteux.

Le sulfurique ne se fabrique en France que depuis quelques années. La base de cette fabrication est le soufre ; il vient presque tout de la Sicile ; ce qui fixeroit dans le midi la véritable position des établissemens de cet acide, si la grande consommation qui s'en fait dans les fabriques de toiles peintes établies dans le nord, et la difficulté de le transporter, n'en rendoient la fabrication plus avantageuse à côté même de l'atelier qui l'emploie.

C'est peut-être pour cette dernière raison, que la distillation des eaux fortes a été répandue sur divers points de la France : mais tous ces établissemens ont été contrariés jusqu'ici par les dispositions d'une loi qui feroit la honte de la France, si elle n'étoit rapportée. Cette loi, du 13 fructidor an 5, prohibe l'importation et la vente du salpêtre dans l'intérieur, et oblige le commerce de s'adresser à la régie nationale des salpêtres pour en obtenir ce sel si nécessaire dans un grand nombre d'ateliers. La régie nationale le délivre à un prix quadruple de celui de l'Inde, dont les fabricans étrangers s'approvisionnent ; de sorte que, par le fait, cette loi ruine les établissemens nationaux en leur interdisant tout moyen de concourir avec les étrangers. Je sais bien que les partisans de ce despotisme en masquent toute l'horreur, sous le prétexte magique de la sûreté publique : mais la sûreté publique est-elle donc menacée en Angleterre, parce qu'on permet au fabricant d'acides d'acheter le salpêtre de l'Inde ? Que le Gouvernement français s'assure de ses approvisionnemens en salpêtre, et de sa fabrication de poudre dans des ateliers qui lui appartiennent, je ne vois là que sagesse et prévoyance ; mais, qu'il mette l'existence et la fortune de tous les ouvriers d'une profession à la disposition de la régie et de ses délégués ; qu'il interdise leur libre approvisionnement à cinq à six branches d'industrie qui s'alimentent de salpêtre ; qu'il force le commerçant de l'Inde à fuir nos ports pour aller vendre son lest de salpêtre à Londres ou à Lisbonne ; qu'il marque sur le vaste sol de la république les seuls points sur lesquels on pourra exploiter du salpêtre : je ne vois là que déraison, tyrannie, ineptie. Et, si le Gouvernement français ne se hâtoit de rapporter une loi également contraire à la liberté et à l'intérêt du commerce, je le proclamerois le plus tyrannique de tous les gouvernemens.

La formation de l'acide acéteux est spontanée, et tous les soins se dirigent vers les moyens de prévenir la dégénération des vins, bien loin de la provoquer. Cependant la consommation de cet acide est telle dans les arts, qu'il importe dans beaucoup de cas de pouvoir le fabriquer : en Hollande et en Angleterre, d'où nous viennent les céruses, les blancs de plomb et les sels de Saturne, on obtient le vinaigre par la fermentation des grains : dans le nord de la France, on peut tenter de semblables moyens, et nous approprier, par-là, la fabrication de tous ces produits très-employés dans les arts.

Les sels les plus employés dans les fabriques sont la couperose, l'alun, le sel de Saturne, les muriates de mercure, &c. L'emplacement le plus convenable à la fabrication des premiers, est déterminé par le lieu où existent les mines qui fournissent ces sels : mais, lorsqu'on les forme de toutes pièces, ainsi que les derniers, c'est toujours à côté de l'atelier où se fabriquent les acides qu'on doit s'établir.

Tels sont les principes sur lesquels je crois qu'on pourroit fonder la prospérité de nos fabriques en France ; et, une fois que le Gouvernement les aura consacrés, il doit se borner à en devenir le conservateur.

La nature a tout préparé pour faire de la France la patrie adoptive des arts : d'un côté, la variété prodigieuse de ses productions territoriales lui assure des ressources dans tous les genres ; de l'autre, sa position géographique présente, dans une petite étendue, le sol et les hommes de tous les climats. Ici, l'imagination la plus brûlante crée et nourrit les arts de goût et d'agrément ; là, la froide raison applique par le calcul les précieuses découvertes de la mécanique. Avec de telles dispositions, le Gouvernement n'a qu'à vouloir pour placer les arts au premier rang, et voir bientôt toute l'Europe tributaire de l'industrie française.

Mais, ce n'est point par quelques distinctions accordées isolément à quelques artistes ; ce n'est point par des récompenses trop souvent réparties sans discernement ; ce n'est point en encourageant tel ou tel art, sous le prétexte frivole d'une plus ou moins grande utilité, qu'on parviendra à donner à tous une impulsion favorable. Toutes ces protections partielles nourrissent l'intrigue et étouffent le génie : au lieu d'exciter l'émulation, elles l'éteignent. Trop souvent l'on a vu languir le talent dans l'atelier où le retenoit cette modeste simplicité qui en est presque toujours la compagne inséparable, tandis que la présomption et la sottise se partageoient les récompenses nationales. Toutes les protections partielles courbent l'artiste sous la domination de l'homme en place ; et bientôt il perd cette fierté, cette indépendance, qui seules peuvent imprimer un grand caractère à ses productions : on le voit peu à peu partager jusqu'aux ridicules de son protecteur, et plier son ame, jadis brûlante, aux caprices de son orgueilleuse déraison. Si nous ouvrons l'Histoire, nous verrons, presque par-tout, le caractère des protecteurs empreint sur les travaux des artistes privilégiés ; nous verrons, presque par-tout, la trop complaisante médiocrité accablée d'honneurs et de fortune, tandis que le génie qui n'a pas pu s'avilir par l'intrigue, ni se vendre à la protection, languit dans la persécution ou l'oubli.

Il n'est pas de gouvernement plus favorable aux arts que le gouvernement libre : ainsi, aux ressources inépuisables de sa position, la France peut ajouter aujourd'hui les avantages de sa constitution politique. Et ce caractère national qui seul a pu, dans d'autres temps, enfanter des prodiges, va se fortifier aujourd'hui de tout le génie des chefs du Gouvernement.

www.ingramcontent.com/pod-product-compliance
Lightning Source LLC
Chambersburg PA
CBHW070730180526
45167CB00004B/1699